AF454019

LA MER

et

SES ADMIRATEURS

JOSEPH ORIENT

LA MER

et

SES ADMIRATEURS

PREMIÈRE ÉDITION

PARIS

SOCIÉTÉ PARNASSIENNE FRANÇAISE

3, RUE CADET, 3

1892

PRÉFACE

Vous me faites beaucoup d'honneur, mon cher ORIENT, en me demandant une préface pour votre **Mer et ses Admirateurs.** *Ce n'est pas sans quelque perplexité que j'accepte cette nouvelle marque d'amitié. Oui, je suis fort perplexe, car je crains bien de n'être que très imparfaitement à même de remplir la délicate mission dont vous me chargez. — La mer ! Oh ! quel sujet profondément philosophique vous me donnez à traiter, et j'en sens si bien toute la difficulté, que si je ne craignais de vous offenser, je reposerais bien vite ma plume… Mais je ne puis reculer… Il me faut franchir le Rubicon : Alea jacta est !*

Mais ce n'est pas un petit fleuve
que vous me faites franchir? C'est la
mer, l'immensité bleue, l'infini sans
bornes et sans fond. — La mer,
cette grande maîtresse des matelots,
cette amante aux ailes d'argent liquide
et d'azur: la mer, ce chef-d'œuvre de
la main divine! — Et pour m'aider
dans ma tâche, vous me donnez, mon
cher ORIENT, l'illusion de cette mer
que je retrouve avec toute sa sublime
splendeur dans les feuillets de votre
ouvrage.

J'ai lu et relu ce petit livre exquis
qui m'arrive avec son odeur saline
particulière au royaume du bon vieux
Neptune, et j'ai été transporté, incons-
ciemment, sur les bords de ce grand
Océan dont vous êtes, avec tant de raison,
le fervent admirateur; j'ai oublié que
j'étais au fond de ma petite campagne,
et j'ai revu, grâce à vous, par la pensée, ce miroir grandiose se confondant

avec le ciel et dans lequel se mirent d'innombrables vaisseaux colosses, qui, au loin, perdus dans cette immensité, ne semblent guère plus gros que le plus petit des oiseaux de mer.

En digne disciple des grands chantres de la mer, vous parlez savamment de cette création de Dieu; vous admirez consciencieusement la beauté sublime de cette Reine qui fait tant de bien, qui fait tant de mal, de cette maîtresse capricieuse qui met tantôt des ris, tantôt des larmes dans les yeux!

Combien sont nombreux aujourd'hui les admirateurs de la mer! Tous nous la haïssons et tous nous l'aimons. Elle a notre haine parce que nous nous sentons auprès d'elle d'infimes créatures, des infiniments petits qu'elle peut briser d'une caresse, étouffer d'un baiser. Nous sommes ces algues qui déracinées roulent et meurent dans son sein. Nous la haïssons parce que sans cesse elle voile d'un crêpe noir le cœur de quelques uns; parce qu'elle prend aux petits des pères, aux femmes des époux, parce qu'elle frappe sans pitié, sans merci ceux qui nous sont chers, — et qu'elle prend toujours et ne rend jamais.

Et malgré sa trahison continuelle, malgré ses airs de louve affamée — affamée de chair humaine! — nous l'aimons, nous l'admirons, nous nous laissons baiser par ses lèvres humides, nous nous laissons bercer sur ses flancs; nous entrons dans son sein avec confiance, nous nous baignons dans sa voluptueuse crinière, et elle met du soleil dans nos cœurs. Elle est bienfaisante au vieillard, au malade; elle donne à celui-ci un peu de cette force qui s'en va; elle réchauffe celui-là de sa salutaire ondée, et fait glisser dans ses veines froides un sang chaud qui le rivifie. — Elle est une source infinie de plaisir, de joie, de bonheur. — Nous l'aimons, nous la chérissons, nous la bénissons même, — quand elle porte sur ses flancs l'être cher que nous quittons ou que nous attendons ; la femme aimée que nous lui confions et qu'elle peut nous ravir !

Elle est le témoin discret des serments d'amour. Elle donne aux amants l'illusion des bonheurs éternels : — elle met du rêve dans les esprits amoureux. Que de promesses faites devant-elle ? Que de baisers échangés au milieu de son immensité, le soir, sous le seul regard des étoiles, sous un ciel serein ! — Oh ! combien il est doux d'aimer sur ce grand lac infini, loin des bruits de la foule, — loin des yeux indiscrets, seul à seul, bercés silencieusement ; loin de la corruption des cités, seuls devant la pureté de la création divine, seuls sous l'œil protecteur du grand Maître, de Dieu !

*Avec votre livre, mon cher ORIENT,
j'ai revécu tout cela. Il m'a apporté le
souvenir des jours de bonheur écoulés
devant cette* **Mer;** *il m'a rappelé
aussi des jours de tristesse qu'il fait
bon revivre! L'âme aime à se rétrem-
per dans ses propres souffrances!*

*Je vous dois quelques instants de
douce quiétude et je vous en remercie.
— Puisse ce témoignage public vous
assurer de nombreuses sympathies
parmi ceux qui vous liront.*

*Tel est mon vœu, acceptez-le avec une
cordiale poignée de main.*

RAYMOND de BUIS.

Nanterre, 13 Avril 1892.

PREMIÈRE PARTIE

LA MER

et

SES ADMIRATEURS

I

La Mer

I

Suivez-moi à travers ce petit sentier qui
longe le ruisseau ; il est bien long ce petit
sentier, mais ce n'est rien ; marchons,
marchons toujours. Voyez de chaque côté
ces beaux champs de blé aux épis d'or ;

plus loin, ces chalets épars qui revêtent
pour la plupart la forme des constructions
chinoises. La présence de ces chalets
prouve que nous approchons du but de
notre promenade.

Maintenant que le cours du ruisseau
devient trop sinueux, laissons-le s'engager
dans les gorges au pied des falaises, et pre-
nons à droite vers cette digue qui se présente à nos regards et s'étend à perte de
vue. Escaladons et nous y sommes.

Voilà la mer !

Devant nous la mer bleue, calme, placide,
devant nous la mer aux flots tranquilles
étale sa grandiose immensité !

Qu'elle est belle la mer !

Marchons donc sur la digue, — barrière
sans fin élevée comme pour contenir l'immense, — et goûtons un peu la suavité de
l'admirable tableau qui se déroule sous
nos yeux !

Un air pur que l'on aspire à pleins poumons, produisant une sensation de bien-être
qu'on ne peut exprimer; un splendide soleil
lançant en droite ligne ses chauds rayons

lur l'étendue liquide qui les réfléchit, un ciel d'azur parsemé de nuages blancs qui roulent lentement leur masse d'argent étincelante au soleil, un petit vent du sud-est frais et doux qui vient adoucir l'air échauffé et touche agréablement le visage ; enfin, devant soi, à gauche, à droite, la mer. Toutes ces impressions frappent tour à tour l'âme et l'esprit, produisent dans s'âme je ne sais quel sentiment qui resserre son extention, qui la tient pour ainsi dire rivée au corps dans une torpeur profonde : dans l'esprit, le sentiment presque palpable du néant des forces humaines en présence de l'immensité sans bornes.

Laissons pour plus tard ces idées philoso-phiques. Revenons à notre tableau, exami-nons en un à un tous les détails.

Descendons d'abord sur le sable, au pied de la digue, et longeons le rivage sur le quel des traces informes encore visibles décèlent le récent passage d'une troupe peu nombreuse.

Voyez à perte de vue la plaine de sable qui s'échauffe aux rayons ardents d'un

soleil d'été : les milliards de grains qui en
forment la plus intime partie sont autant
de petites masses semi-transparentes qui
réfléchissent la lumière et emprisonnent la
chaleur ; suffisamment échauffées, elles
rayonnent une partie de cette chaleur
qu'elles ont absorbée en quantité prodi-
gieuse et on voit alors monter dans l'air
comme au-dessus des champs dans les
chauds jours de l'été, des vagues ondulan-
tes, épaisses et agitées qui échauffent l'atmosphère.

La mer semble une immense pampa,
non unie comme celle du Brésil ou de l'Ar-
gentine par les hautes herbes qui la couvrent, mais hérissée de crêtes nombreuses,
de petites vagues qui se suivent sans
repos, à des intervales égaux, qui naissent
là-bas, au loin, à l'horizon, qui avancent,
grossissent peu à peu et soudain, près du
rivage, soulèvent leurs crêtes qui se roulent
sur elles-mêmes, se résolvent en écume, et
étalent dans le creux qui se forme après
elles, leur masse blanche d'un aspect
huileux.

C'est le flux maintenant, c'est la marée montante.

Voyez les tout petits flots qui viennent, mourants, lécher nos pieds ; ils gagnent à chaque vague nouvelle un peu forte, un peu plus de terrain ; ils s'infiltrent dans le sable brûlant, lui prennent sa chaleur et semblent jouir d'un grand plaisir en s'en emparant pour échauffer leur masse.

Les voilà près de nous, encore quelques instants et ils auront atteint le pied de la digue : la plage en sera couverte et la vue ne portera plus que sur les eaux de la mer infinie.

Debouts sur le tertre nous admirerons encore son calme et sa douceur, nous marcherons sous le soleil ardent, et nous sentirons de plus, alors, un frais zéphyr, une petite brise effleurer légèrement nos joues rougies et attiédir la chaleur de nos fronts.

Ah ! Qu'il est doux à cette heure de suivre le bord de la mer : l'esprit perd sa lourdeur du début, le cœur s'ouvre tout grand touché par les beautés de l'infini, le corps entier ressent une quiétude qui lui est inconnue, la poitrine oppressée se dilate, l'air est inspiré sans fatigue, et les poumons s'en remplissent outre mesure.

On vit.

Mais la mer pallie ses défauts.

Sous cette apparence douce et sereine que nous lui voyons aujourd'hui, elle cache les plus grandes colères, les plus grandes fureurs; elle les met en réserve, elle les amasse dans son sein pour, un jour, les déchaîner sur sa surface quand soufflent la tempête et les ouragans.

Qu'elle est tristement belle alors la mer!

Vous la voyez maintenant calme, presque immobile, sa surface unie est à peine ridée par de petits flots bleus : demain, elle sera fougueuse, agitée, bouillonnante.

Il n'y a pas de spectacle plus effrayant à contempler que celui de la mer en fureur. Vous la voyez dans toute son étendue, dans toute sa puissance, roulant ses colossales vagues, agitant comme sans effort l'énorme masse de son élément, remuant à plaisir l'épaisse nappe d'écume blanche qui la couvre comme d'un manteau emplissant l'air de ses clameurs assourdissantes, et semblant vouloir livrer au ciel, qu'elle ne peut atteindre, un combat géant.

Vous contemplez étonné, effrayé, ce spectacle sublime; vous admirez ces grands flots furieux, enlevant jusqu'aux nuages leurs sommets éblouissants, battus, fouettés par la tempête et emportés par leur course vertigineuse vers la côte où ils viennent se briser avec un bruit infernal, contre les remparts élevés pour les arrêter.

Le cœur attristé par la vue de cette mer déchaînée, furibonde, à laquelle rien alors ne pourrait résister, vous détournez les yeux d'un tableau si grandiose et vous abandonnez votre théâtre d'observation, l'esprit inquiet, l'âme troublée!

II

Nous aimons tous la mer, mais nous l'aimons chacun à notre manière.

Tout à l'heure, je vous ai promené devant elle près de ses jolis petits flots bleus qui venaient baiser nos pieds. Ce n'était pas bien gai, n'est-ce pas? car il n'y avait là personne avec qui on pût échanger quelques paroles.

Voulez-vous que je vous conduise vers un autre bord? Je vois dans vos yeux que vous acceptez ma proposition. Eh bien ! suivez-moi encore une fois.

Marchons tout droit sur la digue. Voyez-vous le coude qu'elle fait là-bas ? Quand nous serons arrivés à cet endroit nous aurons devant nous la jetée et l'avant-port.

Oh ! ne faites pas la grimace, ce n'est pas loin; encore quelques cents mètres, tenez et nous y voilà.

Bon. Maintenant remontons un peu vers le bout de la jetée. Pour cinq centimes un petit canot nous fera traverser l'espace qui ferme le chenal et nous aborderons de l'autre côté sur la plage des bains.

Voyez ces petites tentes multicolores, élevées par centaines sur la côte spacieuse, voyez ces nombreuses voitures numérotées que des chevaux conduisent et déposent à une dizaine de mètres dans la mer ; voyez ces hauts piquets flanqués de pancartes portant la mention « *côté des hommes*, » « *côté des femmes* » ou indiquant les endroits dangereux de la plage, la limite des bains ou la présence de bas-fonds.

C'est-là que la ville et ses étrangers viennent jouir des beaux jours de l'été.

Quand le soleil darde sur la plaine siliceuse aux reflets dorés, quand la grande mer ondule doucement la surface de ses flots bleuâtres et que la brise amène l'air frais et salin du large, la plage présente l'aspect d'une immense fourmillière. L'animation n'y est à coup sûr pas moins grande.

Ici, ce sont des fouisseurs, des bêcheurs. Regardez-les creuser dans le sable un trou de plusieurs mètres de circonférence et profond à leur taille, jeter sur le bord par petites pelletées les mètres cubes enlevés, pour lui former comme un rempart, et écrire sur ce rempart un nom ambitieux de Ville ou de Vaisseau « *Vengeur* » ou « *Belfort* ». Dans quelques heures, quand le flot aura amené la mer à son pied, les vagues battront le rempart qui s'éboulera, et le jusant mettant à nue la plage unie, sans aucune aspérité, fera voir à tous que c'est peine perdue que de bâtir sur le sable.

Là, ce sont des petites fillettes, manches retroussées jusqu'au coude, cheveux au vent, armées de la bêche et du petit seau, en jupons courts aux couleurs éclatantes, violets, rouges, roses, bleus, blancs, tout cela pour charmer les yeux par le changement et la variété des aspects.

Leur labeur ne le cède en rien à celui des jeunes gens.

Les spacieux jardins, les allées larges

soigneusement bordées, les pelouses élevées au dessus du niveau de la plaine
sableuse, garnies tout autour de petits
drapeaux en papier, et, au milieu, de
fleurs artificielles, d'ajoncs cueillis dans
les falaises, charment les yeux éblouis
par la vue de si beaux travaux éphémères !
Car l'Océan, comme la Mort, nivelle tout
ce qui se trouve sur son passage.

La plus franche gaîté règne sur les
visages : tout joue, tout vit, tout remue,
tout chante, tout travaille. Les uns courent,
pieds nus, sur la plage reluisante au soleil,
décrivent des zigs zags sur sa surface unie,
laissant à chaque place où ils ont mis le
pied, la trace lisse de sa plante.

Les autres organisent des jeux réguliers :
la course, le saut, le saute-mouton, le colin-
maillard sont à la mode : tout le monde y
prend plaisir ; ceux qui n'y ont pas une
part active en suivent du regard toutes les
péripéties. D'autres encore plus sages, plus
calmes, plus tranquilles suivent la limite
que le flux de la mer n'a pas dépassé.

Cette limite, c'est un long liséré gris de

coquillages de toutes formes, de nuances variées de structure incomparable : voyez les petits enfants marcher le dos courbé, les yeux fixés sur les mille et mille qui se présentent à eux, et en ramasser de temps en temps quelque rare, quelque magnifique par son aspect extérieur ou sa couleur particulière.

Les petits sacs grossissent et finissent par s'emplir, et, au retour, si quelque curieux pouvait se rendre compte de ce qu'ils contiennent, il trouverait à coté des coquilles dorées et des couteaux tranchants, des solens et des sistres, des spongites près de quelque grosse astérie, un oursin pétrifié, le tout pour enrichir la collection qui à la maison est sans doute déjà bien fournie.

Je prends un réel plaisir à examiner le mouvement, l'agitation de cette foule en quête d'amusement et de distraction douce et aimable. J'aime à me trouver sur quelque point élevé d'où je puis embrasser dans un coup d'œil la grande plage couverte de son monde bruyant, remuant, animé.

Mais il y a encore quelque chose que j'admire et que tous ceux qui ont vu quelque station de bains peuvent apprécier comme moi : c'est un certain ordre, une certaine régularité dans la prise de possession de la plage.

Une famille, deux familles, trois familles arrivent : elles s'installent à leur aise en face de la mer qui arrive et des bateaux qui la sillonnent, [illegible] leurs tentes au dessus desq[uelles] [illegible] et bientôt les petits drapeaux flottent au vent.

Chacune [illegible] s'installer suivant les goûts des personnes à qui elle appartient. De l'une sort [illegible] un petit bambin [illegible] pas, presque aussi [illegible] par le [illegible] venu au monde, que sa [illegible] en son p[è]re [illegible] par la main jusqu'au bord de la mer où on lui fait prendre un bain hygiénique et fortifiant.

Regardez donc comme il est gai, comme il allonge ses petites jambes afin de les mettre à l'unisson de celles de son papa : il est joyeux, il est fier, jugez donc : prendre un

que ces quelques mètres carrés qu'elles occupent, soient leur propriété, et c'est avec une certaine hésitation, une certaine crainte de fouler aux pieds le bien d'autrui que les autres personnes passent près de la tente et de ceux qui l'habitent.

Mais aussi qu'il est doux par une splendide journée d'Auguste, quand le soleil darde en droite ligne ses puissants rayons sur la plage qui se confond au loin avec l'horizon, l'échauffe à brûler les pieds qui s'enfoncent dans sa surface mouvante, fait miroiter ses atomes à la lumière de son ardent foyer, qu'il est doux, dis-je, aux yeux de jouir de la beauté d'un si magnifique tableau.

L'âme exaltée comme réchauffée elle aussi, pèse sur l'esprit qui se laisse aller à la rêverie, et l'on tombe alors dans une sorte de comtemplation extatique.

Mais la froide bise qui souffle de la mer quand le soleil va se coucher, frappe le visage, rappelle par sa fraîcheur à la réalité, et les sens redeviennent aptes à jouer le rôle qu'ils jouaient dans leur état normal.....

Tout le monde est parti, la plage est libre, plus de tentes, plus de voitures, plus de drapeaux, plus de chaises ! Mais la plage nue et solitaire, la mer grondante emplissant l'air du murmure bruissant et monotone de ses vagues !

Le cœur se resserre à ce spectacle, pendant que l'esprit, toujours occupé par le travail de l'imagination, cherche à se remémorer les festins auxquels il a assisté, les chants qu'il a entendus, les charmants tableaux qu'il a vus durant toute l'aprèsmidi, la joie, le bonheur, l'ivresse de toute cette masse compacte, maintenant disparue, éparse, disséminée dans tous les coins de la ville, rentrée sans doute au logis, épuisée de fatigue, mais prête à recommencer le lendemain.

III

Mais ce n'est pas cette face de la mer que j'aime ou plutôt que je préfère.

J'aime la mer agitée, en fureur, creusant des sillons de quarante pieds de profondeur ; la mer battue par l'ouragan ; la mer frappant les digues à les rompre, en poussant contre leurs énormes blocs de pierre ses vagues volumineuses qui s'y brisent avec un bruit épouvantable et lancent jusqu'au ciel l'écume de leurs eaux !

J'aime la mer seule avec moi, mélancolique, solitaire. Quand je la vois ainsi il me semble qu'elle me parle, qu'elle m'adore, qu'elle prend plaisir à bercer mon cœur sensible — et alors ravi par son langage mystique, je m'abandonne et tombe sous le charme !

Combien de fois, Sigisbée de ses bords, suis-je venu lui demander l'inspiration ?

Aux jours ou j'étais en proie à quelque malaise indéfinissable, aux jours où mon âme assoupie n'agissait plus qu'avec une ardeur pusillanime, et que mon esprit se montrait rebelle à tout travail, j'allais spontanément chercher près d'elle les éléments nécessaires pour accomplir mes œuvres.

Car la mer, c'est le Pnyx où je vais écouter mon Égérie; c'est avec elle que je délibère, c'est avec elle que je cherche des idées, des pensées; et je les écris, sur le sable les unes au-dessous des autres à mesure qu'elles se présentent — comme autrefois l'on inscrivit sur des tables de pierre les commandements que Moïse reçut de Dieu sur le Sinaï.

Par une après-midi de Juin ou de Juillet, quand Phébus se montre dans toute sa beauté, que l'air sec et brûlant enflamme les poitrines qui l'aspirent, et que ma tête s'alourdit comme si un poids pesait constamment dessus, je dirige mes pas vers la mer et m'assieds bientôt devant elle, sur quelque monticule de sable dont le sommet porte un épais bouquet d'ajoncs, les seules plantes qui puissent y demeurer.

La tête découverte, le menton dans une main, et mon bras appuyé sur un genoux, je contemple le spectacle qui se déroule devant moi.

La mer qui étend sa masse bleuâtre à la surface éblouissante, jusqu'à l'horizon où elle se termine par une longue ligne indéfinie séparant le domaine de Neptune de celui de Jupiter; à l'horizon encore, dans les airs, dans l'azur du ciel, de gros nuages blancs qui montent peu à peu en ligne oblique et passent au dessus de ma tête; près de moi les petits flots qui viennent mourir l'un après l'autre, formant des lignes blanches qui s'étendent parallèles jusqu'à perte de vue pendant plusieurs kilomètres, séparés par d'étroits tapis verdâtres unis et concaves; plus près de moi, presque à mes pieds, les innombrable coquillages à double et à simple valve, à surface lisse ou ornée de lignes en relief, que la mer a amenés jusque là et qu'elle a laissés; enfin les algues sèches répandues sur le sablon que le soleil chauffe tout l'été, que les eaux de la mer ne mouillent et ne recouvrent jamais, et sur lequel on ne pourrait trouver la moindre souille d'un bateau.

J'écoute ému et recueilli le doux murmure que répandent les vagues et que m'apportent les vents; il me touche comme un chant de sirène, et il me semble voir le sillage laissé par ses ondes sonores en passant près de moi.

Je crois assister à un véritable concert dans lequel se confondent la mélodie des petites vagues qui achèvent leur course sur le fin gravier, le murmure tantôt fort, tantôt faible des lames qui s'avancent, le bruit du vent qui passe, soulève le sable et l'emporte comme une poussière, le cri strident, parfois effrayant des gros oiseaux de mer qui volent rapidement, effrayés, et s'enfoncent dans le lointain !

Frappé par la vue de ces ravissants tableaux, par l'harmonie et l'accord de tant de sublimes spectacles, je me trouve alors tout autre que je l'étais auparavant, et je me sens le pouvoir et la force d'accomplir à mon tour de grandes choses.

Car la mer soulève et calme les fortes passions !

Maintes fois aussi je suis allé demander à la mer un peu de repos, alors que mes travaux ardus et mes occupations attentives m'en privaient depuis longtemps.

Parti la tête lourde, l'esprit en proie au délire d'un travail trop assidu, agité, fatigué, rompu, moulu, dégoûté de tout, même de la vie, je revenais l'esprit lucide, léger, gai, souriant et l'âme remplie d'une calme mansuétude.

Ah ! J'ai mille raisons d'aimer la mer ! Je ne puis fouler ses bords, vierges aujourd'hui de pas humains, sans me rappeler les doux moments que j'y passai il y a longtemps déjà, avec la seule femme que j'ai aimée.

Etroitement enlacés, nous marchions de longues heures sur le sable, le long de la côte, pendant que le vent soufflait sur nos visages et que mes jambes s'embarrassaient dans ses jupons flottants.

A peine échangions-nous à de rares intervales quelques paroles amoureuses et quelque regard passionné ; ou bien, quand le temps était calme, que personne n'était là pour épier nos mouvements, nous nous asseyons sur quelque éminence de sable sec, et sa tête légère aux cheveux soyeux faiblement appuyée sur mon bras, je m'efforçais de lire dans ses yeux clairs et limpides comme deux gouttes d'eau d'une fontaine, la bonté de son cœur et la pureté de son âme.

Nous n'étions pas toujours seuls sur la vaste plage aride et nue devant les flots nombreux et sous la brise tempérée du soir !

Pourquoi le peintre venait-il admirer des journées entières l'étendue bleue du liquide salin, contempler l'horizon remplie de nuages grisâtres montant bien haut dans l'atmosphère, agrandissant sans cesse la surface qu'ils occupaient jusqu'à venir obscurcir la lumière du soleil et faire prendre un aspect terne, vert d'eau, à la mer privée des rayons brillants de l'astre du jour ? Pourquoi le musicien venait - il prêter une oreille attentive aux murmures des vagues qui se brisaient une à une sur les cailloux de la grève, aux sifflements des vents qui soufflaient dans la nue ? Pourquoi venait-il noter avec plaisir et empressement les cris que lançaient la mouette, (l'hirondelle de mer) le canard sauvage et tous les oiseaux, habitants de ces bords marins ? Pourquoi l'homme d'affaires venait-il se promener longuement, les bras croisés derrière le dos, aspirer grandement l'air frais qui vient du large ? Pourquoi cette pléiade d'hommes du monde depuis le personnage le plus retenu par ses affaires jusqu'à l'oisif le plus inoccupé, venaient-ils demander à la mer ce qu'ils auraient pu, peut-être plus facilement, se procurer ailleurs ?

C'est que la mer tient en réserve de quoi contenter tous les goûts, les désirs, les aspirations de tous ceux qui ont quelque chose à solliciter d'elle, en un mot de quoi assouvir les plus grands appétits.

Elle procure à l'homme de lettres, à

l'écrivain, le moyen de réunir ses plus
grandes pensées, de composer ses plus
beaux ouvrages ; elle lui donne les idées
dont il a besoin pour accomplir son œuvre :
celles-ci se suivent régulières, ordonnées,
saines, fortes et justes, elles coulent de sa
plume serrées et lumineuses et s'alignent
sans repos pour former un tout compact
et de valeur ; elle procure au musicien les
éléments qu'il lui demande pour écrire ses
plus belles symphonies et tirer de son art
sublime les plus parfaites beautés et les
accents les plus touchants ; au peintre, elle
donne le moyen de tirer ses plus beaux
tableaux par l'élévation des sentiments
qu'elle lui inspire et dont il laissera une
ample empreinte sur eux ; de l'homme
d'affaires, elle calme l'esprit, fait taire
les tourments ; elle apaise le cœur agité,
tourmenté par l'oisiveté, de l'homme inapte
au travail et le rend lisse comme la surface
d'un lac tranquille ; enfin elle procure à
tous un sentiment inexprimable de conten-
tement, de jouissance de la vie, de plaisir,
de joie, d'ivresse. la preuve de l'existence,

et remplit les âmes de la plus douce tranquillité et de la mansuétude la plus profonde.

II

Le Port

I

Il n'y a pas que la mer vaste, calme ou agitée, sombre ou brillante, solitaire ou couverte de bateaux qui doive nous occuper; ·ceux qui habitent son sein et ses bords sont pour nous autant de sujets intéressants d'étude et d'attraction.

Dans un petit enfoncement de la côte apparaissent deux énormes bras qui s'avancent hardiment en pleine mer et dont le pied est battu à tout moment par les grands flots aux profonds sillons de la pleine mer.

Ce sont les jetées.

Solidement bâties en bois elles présentent —certains jours, de larges ouvertures entre

leur base et les longues pièces de bois un
peu espacées qui forment leur plancher.

C'est dans ces jours, à travers ces ouvertures, que pénètrent les vagues régulières,
finement ondulées, mais d'une masse impo-
sante, semblables à celles du large.

Quand la mer est calme et qu'elle monte,
ces vagues roulent doucement jusqu'à la
proximité de la jetée, s'engagent entre les
piliers, et arrêtés à chaque instant dans
leur route, perdent peu à peu de leur force
et finissent par disparaître et se fondre en
une nappe blanche de mousse.

La mer est-elle mauvaise, le spectacle
n'est plus le même ; on voit venir à toute
vitesse des colonnes d'eau de quinze à vingt
pieds de hauteur, qui heurtent la jetée avec
une force incroyable, l'ébranlent fortement
et poursuivent leur course folle, blanche
d'écume, roulant les pierres qu'elles rencon-
trent, se brisant à chaque obstacle, jusqu'à
ce qu'une digue en maçonnerie les arrête
en leur opposant une barrière infranchis-
sable.

Elles se suivent aussi rapides, forcées

dans leur marche par le vent qui souffle et viennent mourir l'une après l'autre en se jetant sur la digue avec un bruit de tonnerre.

L'espace que comprennent les jetées, c'est le chenal. Il n'est pas bien large : soixante-dix à quatre-vingt mètres.

Gagnons vers le fond, passons sur cette écluse, et admirez ce grand sas dont la tranquilité de la surface contraste avec l'agitation de celle du chenal.

Poursuivons notre route : voici la seconde écluse, et, devant nous, c'est le bassin et ses gigantesques hangars.

N'est-ce pas un coup d'œil magnifique que celui de cinquante navires couvrant une étendue d'un demi-kilomètre carré ? Ce ne sont partout que flèches immenses élevant leurs pointes hardies qui se perdent dans la nue, pavillons multicolores montrant par leur variété le grand nombre des nations représentées dans le port, coques énormes de vapeurs à côté de celles de bricks et de petites goëlettes ; vergues puissantes sou

tenant encore les voiles qu'on a pas eu
le temps de carguer et qui se balancent à
l'aventure; enfin, une infinité de cordages
qui s'entrecroisent dans tous les sens !

Un mouvement inouï, une agitation
fiévreuse, un bruit incroyable, règnent sur
les quais et sur les bassins ; ici, c'est un
trois-mâts qu'un remorqueur fait sortir du
bassin et qu'il accompagne en pleine mer,
jusqu'à ce que le vent soit assez fort pour
que la voilure suffise ; là, un vapeur de
commerce qui fait son entrée et va
s'amarrer pour qu'on commence au plus
vite son déchargement : voyez son hélice
tourner rapidement et laisser derrière elle
un sillon écumeux : là encore, c'est un
brick norvégien, chargé de bois presque
par-dessus le pont : il a profité, comme tous
ses compagnons, du dégel sur les côtes
scandinaves, pour sortir de son port
d'attache et venir apporter dans le nôtre le
sapin de ses forêts ; ailleurs des bateaux
chargés de paille, de coton brut, de lin, de
minerai, de houille dont les longues barres
ou gueuses s'aligneront tout à l'heure en

piles de deux à trois mètres de hauteur et au moins larges d'autant à leur base.

On n'entend partout que des appels répétés, des cris, des rires, des jurons, mêlés au tapage que font les cabestans sur les navires, la vapeur qui s'échappe, par des ouvertures circulaires, des flanes du navire ; le sifflet des locomotives, les wagons qui se heurtent les uns sur les autres et stopent devant les bateaux qu'on doit décharger ; les lourds madriers de bois que l'on installe sur les échafaudages pour aider au déchargement, le grincement des chaînes qui enlèvent les bacs de charbon ou les énormes piles de bois, et celui des portes de hangars qu'on ouvre en les faisant rouler sur les rails.

L'atmosphère est obscurcie par une fumée intense qui s'échappe en longues gerbes épaisses des cheminées des navires ; sur les quais, une poussière noire que l'on aspire à pleins poumons rend la bouche pâteuse et la gorge brûlante.

Venez par ici, dans un endroit du bassin où un bateau chargé de blé vient d'accoster.

On va lui enlever sa cargaison. Soixante déchargeurs sont là prêts à se mettre à la besogne. On en fait deux escouades : l'une se charge du service à bord du navire avec l'équipage, l'autre du transport de la cargaison dans les « magasins ».

Vous voyez que ce sont tous des gaillards bien bâtis, rabelés, aux cous puissants, aux bras musculeux, aux larges épaules, à la mine énergique et à la poigne solide, mais aussi au caractère vif et *chaud*.

Fanfarons et goguenards à l'excès, ils sont malgré cela bons garçons, plaisantent à tout propos, et rient aux éclats de ce bon rire des paysans.

Ne perdez rien du coup d'œil. Voyez-les monter par les échelles sur le flanc du navire, sauter sur le bastingage et de là sur le pont pendant que d'autres, les matelots du bord, grimpent aux cordages, le long des mâts, comme de véritables araignées, et installent aux vergues les cordes et les poulies pour enlever la cargaison de la cale où elle se trouve.

Tout cela est fait en moins de quelques

minutes, les commandements redoublent, chacun prend son poste, un coup de sifflet : en marche !

Les roues à dents engrènent les unes dans les autres, les cordes s'enroulent sur les arbres des treuils, se raidissant sous la charge. Les sacs sont enlevés à dix pieds en l'air et redescendent sur le pont : des bras vigoureux les saisissent et vont les déposer sur la poutre du bastingage où d'autres s'en emparent et les portent sur leurs robustes épaules dans les hangars que l'on a préparés à l'avance pour les recevoir.

C'est un va et vient continuel au milieu des cris, du bruit des machines, de la poussière qui s'échappe des sacs, sous le soleil qui chauffe. Voyez comme tout est organisé avec ordre : les sacs défilent comme par enchantement ; les porteurs pieds nus les empilent dans les hangars, et dans quelques heures ils formeront une masse énorme, telle qu'on aura peine à croire qu'elle tenait tout entière dans le vapeur.

Là bas, à cent mètres de nous, c'est un

bateau anglais de charbon qu'on a commencé à décharger il y a quelques instants. Les grandes grues à vapeur enlèvent au bout de leurs flèches, les énormes bacs de charbon à quelques mètres au-dessus du pont ; le mécanicien fait tourner la flèche, amène le bac au-dessus du sol, et au moyen de cordes, on le fait basculer et répandre le charbon qu'il contient, les pelleteurs se mettent à l'œuvre, jettent le charbon en dehors du quai et en forment des tas immenses qui s'étendent aussi loin que les quais eux-mêmes.

C'est un bruit infernal.

Les formidables chaînes des grues se croisent, grincent fortement ; les roues de la machine tournent avec une rapidité incroyable quand le bac est enlevé, s'arrêtent net quand il est au niveau voulu, et recommencent leur mouvement quand il descend. Le bac est retourné, le charbon tombe avec un fracas assourdissant ; une poussière affreuse emplit l'atmosphère et le heurt des pelles contre les pavés retentit à nouveau et déchire nos oreilles.

Depuis l'aube jusqu'à la tombée du jour, c'est le même manège : en quelques heures, en un jour, deux jours dans certains cas, pour les navires d'un fort tonnage, le déchargement est fait. Dès qu'il ne reste plus rien dans la cale, tout le monde est à l'œuvre pour enlever les échafaudages établis en travers des quais, pour aller du hangar au navire, quand celui-ci, allégé d'une partie de sa cargaison, élevait sa coque bien au-dessus du niveau du quai. Les lourds madriers sont enlevés un à un à force de bras, transportés le long des hangars : un homme parmi la troupe commande : « lâchez » et l'énorme pièce de bois de plus de deux cents kilos, tombe lourdement avec un bruit formidable dont l'écho retentit à travers tout le port ; les madriers s'empilent, les chaînes viennent les rejoindre, la place est bientôt nette, et le quai libre ; quelques hommes poussent de l'épaule les portes à roulettes du hangar, tous endossent leurs paletots, ceux qui marchaient pieds nus lacent leurs souliers ; chacun s'empare de son bien, bouteilles,

marmites, assiettes, qui contenaient les
repas ; maintenant tout le monde est prêt,
la troupe s'écoule et se disperse dans toutes
les directions.

J'ai assisté, un jour, à un de ces départs
des hommes employés au travail du port :
un calme plat succède au tapage d'enfer,
les quais deviennent déserts et nulle part
on n'entend plus un éclat de voix humaine.
Le soleil allait se coucher, il avait fait
chaud toute la journée ; je m'approchai du
bord du bassin et examinai le tableau qui
se déroulait sous mes yeux. Le ciel était
magnifique, à l'est et au sud d'un beau bleu
d'azur, sans qu'aucun nuage vint maculer
la pureté de son tableau ; différent, mais
non moins admirable, était le spectacle à
l'ouest. Une immense lueur rougeâtre
entourait le globe du soleil dont l'éclat avait
excessivement pâli, et emplissait une
grande partie de la voûte céleste. C'était un
de ces couchers de soleil d'Orient, comme
celui qui forme le fond du tableau du
« *Débarquement de Cléopâtre à Tarse* » par
Claude le Lorrain. Je ne pouvais m'em-

pêcher d'admirer la tranquillité de l'air et l'immobilité sur la terre et la surface de l'eau : mes yeux en étaient éblouis et je ne savais que penser si j'étais éveillé ou si je rêvais, quand un chant saccadé vint dissiper tous mes doutes. Je détournai la tête et je vis au milieu du bassin, à l'avant d'un navire, six hommes qui tiraient sur une grosse amarre attachée à une des bornes du quai et faisaient avancer lentement leur bateau. L'un deux lançait dans le calme du soir, à haute voix, un vieux chant maritime dont je ne pus comprendre une parole, mais dont les saccades alternant avec les tons faibles, aidaient les hommes à tirer sur le cordage.

Je ne pourrai jamais expliquer l'impression puissante et agréable que je ressentis en entendant cette musique solitaire éclatant au milieu du silence le plus profond : le cœur m'en battait de joie ! Ajoutez à ce suave tableau, la vue de quatre ou cinq matelots norwégiens occupés à carguer les voiles et à les lier, debout sur les cordes

qui vont d'une extrémité à l'autre des vergues et pendent au-dessous d'elles, et vous
direz comme moi que c'est le plus poétique
et le plus sensible qui ait jamais impres-
sionné mon esprit d'une manière aussi forte,
et touché aussi profondément mon cœur!

II

Dix heures et demie. Profitons de ce moment pour aller voir l'arrivée du paquebot qui fait du matin, le service des voyageurs.

Tous les ports ne sont pas dotés de ce service : il n'y a que ceux d'une certaine importance, possédant toujours assez d'eau, même à marée basse, pour recevoir les steamboats, et que leur emplacement rend généralement propices à une communication rapide et facile.

Ce service est tout à fait indépendant de celui du port : il nécessite un emplacement particulier, a lieu à des heures régulièrement fixes et pendant le court espace de temps que dure le débarquement des voyageurs ; la majeure partie des hommes employés à cette opération, est fournie par les compagnies de chemins de fer.

Rien de plus curieux que le mouvement subit qui règne sur la partie des quais presque déserte un instant auparavant, où les passagers doivent prendre pied à terre.

Un quart d'heure à vingt minutes avant son arrivée, le navire est signalé : une petite masse noire apparaît au loin, en pleine mer, laissant échapper de ses cheminées une longue trainée noire de fumée que le vent emporte comme un nuage, et qui diminue de plus en plus d'intensité à mesure qu'elle s'éloigne et se perd dans le lointain.

La masse noire grossit toujours, maintenant on perçoit distinctement les mats, les cheminées, les roues à palettes qui s'enfoncent dans l'eau et battent sa surface, le capitaine debout sur la dunette, près du pilote, et quelques voyageurs sur le pont, à l'avant du navire : encore quelques minutes et il pénètre dans le chenal.

Sur le quai un train stationne sous vapeur ; tout le monde est à son poste et n'attend que le moment où le bateau accoste pour se mettre à l'œuvre.

Le navire est à peine amarré, les palettes ont à peine cessé de marcher qu'une équipe a déjà lancé du quai sur le pont une de ces passerelles volantes au moyen desquelles les passagers peuvent se rendre à terre. Ils défilent ainsi un à un sous les yeux des curieux attirés pour assister au débarquement de quelque célébrité ou pour examiner leurs mises plus ou moins correctes et originales et leurs allures plus ou moins franches; les interprètes répondent aux questions que leur posent les voyageurs et les renseignent sur ce qu'ils demandent, les garçons d'hôtel répètent à chaque voyageur le nom de leur établissement : « Hôtel du Lion »; « Hôtel d'Angleterre », « Hôtel Terminus », les commissionnaires s'accrochent aux nouveaux débarqués pour porter leurs bagages et pendant un quart d'heure c'est un véritable brouhaha qui ne cesse un peu que lorsque le sifflet de la locomotive retentit. Le train s'ébranle emportant ses voyageurs et la voie devient libre.

Ceux des voyageurs qui ne sont pas montés en wagon, se rendent à pied au buffet de la gare ou se font conduire en voiture dans les différents hôtels de la ville.

Alors seulement la masse des curieux s'écoule un peu de tous côtés, les hommes d'équipe regagnent leurs travaux, le quai reprend sa physionomie habituelle et de tout ce bruit qui le remplissait quelques secondes auparavant, il ne reste plus maintenant que la voix du capitaine qui, à bord du vapeur, commande la manœuvre et celle des hommes qui sur le pont exécutent ses ordres.

Coup de vent formidable éclatant soudain dans un ciel calme et sans nuage et ne laissant après lui aucune trace de son passage !

Mais c'est surtout le soir, quand de profondes ténèbres couvrent la terre comme d'un immense voile noir que le départ ou l'arrivée d'un bateau présente quelque chose de vraiment pittoresque, un coup d'œil réellement curieux.

Les quais déserts à cette heure, éclairés à la lumière électrique, présentent un aspect triste qui contraste avec le mouvement, l'agitation fiévreuse qui y règnent pendant le jour.

On ne voit que les bancs sur lesquels viennent s'asseoir les promeneurs, projetant sur le carrelage luisant leurs ombres incertaines et la silhouette des cabines où les douaniers viennent chercher un abri quand le vent souffle ou quand tombe la pluie.

Quelques uns de ces douaniers arpentent le quai faisant bonne garde auprès des navires amarrés dans les bassins, afin de ne leur laisser descendre à terre aucune marchandise soumise à payer des droits d'octroi : ce sont les seules personnes que l'on rencontre sur les quais pendant la plus grande partie de la nuit.

Dès que la grosse lanterne de la locomotive éclairant les rails de sa lumière éblouissante apparaît au bout de la ligne, tout le monde se précipite hors de la gare et abandonne un instant la grande salle des Pasperdus et les salles d'attente : les commissionnaires vont au-devant du train qui entre en gare en ralentissant sa vitesse, suivant les wagons en courant jusqu'à ce qu'ils cessent d'avancer, montent sur les marchepieds, ouvrent les portières et, pour obtenir un pourboire des voyageurs, les aident à transporter jusqu'au bateau le léger bagage dont ils se sont chargés.

Pendant ce temps, deux équipes ont jeté sur le paquebot deux longues passerelles et pendant que par l'une s'embarquent les voyageurs, par l'autre on entasse sur le pont le gros bagage des passagers : sacs, paniers, malles, etc.

Un premier coup de cloche retentit. Aussitôt les passagers embarqués, tirent leurs échelles au moyen de longues cordes et les ramènent sur le quai.

Un second coup de cloche.....

Le navire est prêt à partir.

C'est alors que le coup d'œil est le plus pittoresque. La faible lumière qui frappe le pont du navire, le fait apparaître comme une grande masse noire informe sur laquelle circulent une foule de petites silhouettes qui remuent, qui s'agitent et disparaissent peu à peu en s'éloignant vers la pointe du navire.

La grande masse noire s'ébranle.

Vous entendez le clapotement des palettes sur la surface de l'eau, et le remous qu'elles laissent après elles, présente l'apparence de vagues brillantes d'argent liquide ; le navire lui-même qui avance au milieu de ces vagues semble comme entouré d'une ceinture de feu au point où sa coque touche la surface de l'élément salin.

C'est la phosphorescence de la mer.

Quoi de plus curieux et de plus saisissant à la fois que la vue de cette traînée lumineuse accompagnant le navire, durant toute la traversée, attachée à ses flancs comme si elle allait l'enflammer tout entier.

Le navire au milieu des ténèbres de la nuit, roulant sur ce foyer immense, présente alors l'aspect d'un bassin dont le fond serait recouvert d'une substance moite et dont les bords reluisants éblouiraient aux rayons d'un ardent soleil.

C'est un spectacle féérique !

La variété des scènes et des tableaux que présente la mer et ses bords est loin d'être épuisée. Par une belle nuit d'été, quand le ciel est bien noir et que la brise de la mer

amène une fraîcheur bienfaisante, engagez-
vous sur le plancher à jour de la jetée et
gagnez-en hardiment l'extrémité.

Je ne puis exprimer l'impression agréable
que procure cette promenade solitaire,
au-dessus des vagues qui se brisent sur la
charpente, et dont la calme solitude n'est
troublée que par les grondements sourds et
monotones de la mer, le bruit des lames
qui clapotent sur les piliers, et le murmure
plaintif du vent qui souffle légèrement de
la côte.

Parvenu au terme de votre promenade,
si vous jetez les yeux vers la pleine mer,
vous y voyez à des intervalles qui s'agran-
dissent de plus en plus à mesure qu'ils
s'éloignent de vous, des larges bandes
lumineuses qui ondulent sur la surface de
l'eau, qui semblent toutes partir du lieu où
vous vous trouvez et tourner autour de
votre corps comme les rayons, dans un
cercle, tournent sans jamais s'écarter de
leur centre.

Regardez en arrière.

Vous reconnaîtrez l'éblouissante clarté

du phare, qui lance sur l'Océan en droite ligne ses longs traits de lumière.

Profondément ému et touché par un si beau spectacle, vous demeurez pensif et, malgré vous, votre pensée vous porte à songer aux pauvres navigateurs qui voguent alors sur les flots guidés par ce flambeau, pendant que votre esprit se retrace, avec tous leurs tristes détails, les mille naufrages dont vous avez lu ou entendu le récit.

La tête remplie de ces sombres pensées vous reprenez votre route vers la ville et, en face de ce phare qui éclaire vos pas, sincèrement du fond du cœur, vous remerciez la science d'avoir donné un guide à ces malheureux marins dont la mer est la seule ressource et dont elle fait tant de victimes !

III

Les Marins

I

Je suis toujours heureux de parler de ces hommes rompus au dur métier de la mer, éprouvés par tous ses caprices, aux figures mâles et énergiques, respirant la bonté sous une apparence de rudesse, et c'est pour moi une douce distraction de pouvoir avec quelque ami m'entretenir sur leurs peines et leurs travaux et causer longuement d'eux.

Je ne sais ce qu'il y a de sympathique en eux, je ne sais ce qu'il y a de particulier sur leur visage, pour attirer nos regards et leur gagner spontanément notre amour, notre admiration.

Il semble qu'on voie sur leurs figures
la trace des durs labeurs auxquels les ont
endurcis les flots de la mer battus par
l'ouragan : il semble qu'on lise à travers
leur masque rigide la franchise, le courage,
l'énergie, le sang-froid et la résignation ;
qu'on distingue comme un dernier vestige
des craintes poignantes qui ont saisi leurs
cœurs pendant les tempêtes, en songeant à
leurs femmes qu'ils feraient veuves, leurs
fils et leurs filles orphelins !

C'est bien à eux qu'il faut parler ; c'est
bien eux qu'il faut interroger, pour connaître tout ce que peut contenir de peines,
de tourments incessants, d'espoirs déçus,
de rudes labeurs bien souvent perdus, une
vie agitée, exposée à tous les hasards, marquée de mille combats contre les éléments,
et, cependant, jouet du caprice des forces
de la nature.

C'est pour cela qu'ils sont d'une âme
aussi compatissante.

Habitués dès leur plus jeune âge aux
souffrances et aux privations de toute sorte,

ils savent apprécier un service rendu à sa réelle valeur.

Il n'y a que ceux qui ont souffert qui peuvent comprendre les peines des autres et le bonheur qu'il résulte de leur soulagement.

C'est aux jours de fête et surtout le dimanche qu'on peut examiner à l'aise quelques-unes de ces vieilles figures de loups de mer.

Vous les voyez le long des quais des bassins, coquets, toujours en pantalon de drap bleu foncé, vêtus du tricot de laine de même couleur, le cou découvert, marchant la main derrière le dos, se racontant quelque histoire du bon vieux temps et accompagnant leur récit de gestes significatifs. Ici c'est un loustic qui rappelle le naufrage d'un grand brick dont les hommes ne purent être sauvés que grâce à l'énergie déployée par les marins qui montaient le canot de sauvetage.

Jamais il n'avait vu pareille tempête, jamais il n'avait vu les éléments aussi désordonnés !

Là c'est un vieux gabier que les côtes de la Gascogne et du Calvados ont reçu plus d'une fois dans leurs ports où il se réfugiait pour échapper à la fureur des vagues ; plus loin c'est un patron de bateau qui raconte comment il a mérité une décoration dont on l'a honoré : il naviguait de conserve avec un de ses camarades, patron aussi à bord du 549, quand celui-ci donna tout à coup de l'avant sur un rocher à fleur d'eau et coula en moins de cinq minutes : à peine eut-il le temps de sauver les hommes.

Cet acte de mérite arriva aux oreilles du ministre de la marine, et un beau jour, le marin reçut un avis par lequel il apprit qu'on lui décernait une médaille d'or, en récompense du sauvetage qu'il avait accompli.

Ailleurs c'est un jeune matelot qui raconte comment, comme mousse, il fit son premier voyage sur un bateau de pêche en partance pour l'Islande, et qui ne revint au port que six mois après.

Tout le monde écoute celui qui parle avec une religieuse attention, de crainte de perdre un seul des détails qui ont marqué l'ouverture : c'est à qui se placera le plus près du conteur et chacun retient son haleine pour ne pas troubler le pieux silence qui entoure le récit : les yeux pétillent d'envie, les cœurs battent de joie : on voudrait faire, comme les héros des conversations, des sauvetages et des actions d'éclat.

Pourtant ce n'est pas là qu'il faut voir les marins : c'est quand ils sont sur leur bateau en grandes bottes de cuir et en camisole de toile goudronnée.

Dès que leur barque est fournie des provisions que nécessite un voyage de huit jours, quinze jours où de plus longue durée, ils mettent à la voile. Le beaupré se charge de son foc, le grand mât de sa voile, le misaine de la sienne et aussitôt que le vent s'y engouffre le navire file et glisse doucement sur l'onde.

Tout le monde travaille sur le pont ; le mousse et les matelots y mettent de l'ordre, arrangent les engins de pêche pendant que l'homme de barre commande la manœuvre des voiles et dirige le bateau.

Parfois la sortie du port est chose difficile et laborieuse : quand on n'a pas le bon vent il faut louvoyer, c'est-à-dire faire un grand nombre de zig-zags dans le chenal, afin de gagner peu à peu l'extrémité des jetées et pouvoir enfin en sortir.

Le sentiment religieux est un de ceux qui sont le plus profondément enracinés dans le cœur des marins. N'ayant plus rien à attendre du monde dès que leur barque est sortie du port, seuls entre le ciel et l'eau, il leur faut quelqu'un à qui ils puissent se réclamer, quelqu'un de qui ils puissent implorer la protection pour ménager l'existence de leurs épouses et de leurs enfants, quelqu'un entre les mains de qui ils puissent remettre le soin de leurs destinées.

C'est à Dieu qu'ils s'adressent !

Aussi dès que l'esquif est sorti du chenal et qu'il vogue librement sur les eaux verdâtres de la mer, tout l'équipage, depuis le plus vieux matelot jusqu'au plus jeune mousse, se découvre humblement et marmotte entre ses dents une sincère invocation au Seigneur demandant qu'il accorde au pauvre pêcheur qui le prie à genoux, un vent favorable et une pêche abondante.

C'est un spectacle de la plus grande beauté, capable d'émouvoir les cœurs les moins sensibles, que celui de ces hommes forts, vigoureux, dont le visage porte l'empreinte de la sincérité dans les actes qu'ils accomplissent, s'annulant pour ainsi dire et se plaçant sous l'égide céleste.

Pauvres marins ! pauvres pêcheurs !

Maintenant que le vent souffle en plein dans les voiles et que l'embarcation s'éloigne de plus en plus de la terre jusqu'à disparaître dans le lointain, que va-t-elle devenir ?

Peut-être ceux qui la montent, favorisés par un bon vent, seront-ils assez heureux pour jeter leurs filets dans le sein de la mer, et ramener au port une pêche qui compensera leurs durs labeurs et leur fera oublier leurs fatigues en procurant à leurs familles le bien-être et le bonheur.

Combien aussi ce résultat est-il aléatoire! Combien de fois jettent-ils leurs filets dans le sein des flots et les retirent-ils vides ? Combien de fois luttent-ils des journées entières sous le vent qui souffle, la pluie qui déferle avec fureur, contre le flot qui gronde et passe par-dessus leur pont, sans parvenir à tirer quoi que ce soit du sein de la mer ?

Oh! alors le sort n'est plus le même !

Après quelques jours d'une existence amère, le bateau rentre au port, et le pauvre matelot qui retourne au logis ne rapporte à sa famille qui l'attend avec anxiété, que la tristesse et le découragement !

Il faudra maintenant se priver de tout pendant une semaine peut-être, vivre de pain et d'eau, en proie à toutes les angoisses de la misère, et attendre que le bateau parte pour un nouveau voyage et revienne, hélas ! avec une meilleure pêche, afin de consoler le marin de ses peines et de calmer les maux de ceux qui lui sont chers !

Que de fois aussi, malheureusement, les pauvres pêcheurs quittant leur port, voient-ils pour la dernière fois le clocher de l'église où ils ont communié, l'horloge de la tour au pied de laquelle ils ont tant joué pendant leur jeunesse, le sommet de la colline qu'ils escaladaient en courant et la petite maisonnette du sauveteur qui, au bout de la jetée, veille la nuit et signale les navires en danger.

Partis par un temps calme et presque doux, un petit vent frais soufflant sur l'arrière et enflant toutes les grandes les voiles, tout leur faisait espérer un splendide voyage et une pêche rémunératrice.

Mais, soudain, le vent a monté, le ciel s'est couvert de nuages : une bourrasque épouvantable s'est déchaînée sur la mer, soulevant ses flots et emportant tout ce qui se trouve sur sa surface avec une rapidité vertigineuse.

Les hommes, pendant un instant ont résisté à la tempête, mais épuisés, suant les gouttes de leur sang, désespérés, ils ont dû amener les voiles et se remettre au gré des vagues.

Le bateau emporté, balloté tournoyant

dans toutes les directions, enlevé comme
une plume au sommet des vagues furi-
bondes, retombe soudain de tout son poids
dans le sillon creusé derrière lui s'ent'rouvre
et sombre en un éclair, faisant dix veuves
et quarante orphelins.....!

Ah ! que notre pitié soit sans mesure
pour ces infortunés ! Que nos gros sous
viennent emplir les caisses de secours
fondées en leur faveur, que rien ne leur
manque, afin que si nous ne pouvons les
soulager dans leurs affections, nous puis-
sions les soulager dans leurs privations et
leur misère et tâcher de leur faire oublier
que quelqu'un manque au sein de leurs
familles et qu'auprès du foyer une place
est toujours vide !

Fin de la première partie

DEUXIÈME PARTIE

Les admirateurs de la Mer

I

La mer a eu de tous temps de nombreux admirateurs. Sa grandeur, sa beauté, son aspect, faisant jouer tous les ressorts de l'âme humaine, il est nécessaire qu'elle produise sur tous ceux qui la voient, une impression puissante.

Mais s'il en est beaucoup qui la voient, il en est bien peu qui la regardent avec les yeux de l'esprit, qui ne se contentent pas d'examiner sa surface et qui la sondent afin de la comprendre.

Ces derniers, le petit nombre, sont les vrais admirateurs; leur cœur touché par les multiples impressions que la mer produit sur lui, agité, remué profondément par les passions déchaînées dans son sein, s'efforce de composer un tout de ces impressions bouillonnantes, par cela même étrangement mêlées, incohérentes, afin de les exprimer clairement, de les faire connaître au monde dans toute leur lumière, dans tout leur éclat, dans toute leur vérité, afin de les rendre, en un mot, capables d'émouvoir les cœurs dans lesquels ils les feront pénétrer.

Mais la mer ne produit pas sur tous les cœurs, sur tous les esprits, la même impression : dans le grand nombre de ceux qui viennent contempler ses bords, il en est beaucoup dont les cœurs ne sont frappés que par son immensité : l'impression du grand, de l'étendue subsiste seule, attachée fortement dans leur sein, d'autres, au contraire, n'ont été touchés que de la petitesse de l'homme devant l'immensité sans limites : ils se sont vus Pygmée contre Orion !

Les idées des uns ne seront pas les idées des autres. Il y aura diversité dans l'impression ressentie à la vue du même spectacle : les premiers s'exalteront à vanter la puissance des forces de la nature, les mots d'immense, de grandiose, de sublime, de souverain, de tout-puissant, dont l'esprit peut à peine apprécier la valeur, rempliront seuls leurs écrits, tandis que les autres se lamenteront sur le sort que l'Éternel a fait à l'homme en le faisant naître du chaos, s'évertueront à chercher les termes les plus petits, mais les plus éloquents, pour exprimer l'infinité des forces de l'humanité à l'égard de celles du reste de l'infini.

Il en est qui ressentiront encore des impressions différentes : ceux-ci admireront la masse gigantesque des deux fluides, l'eau et l'air, l'un voguant au-dessus de l'autre, ceux-là, l'éclat de la surface liquide réfléchissant au ciel, dans les nuages, la lumière qu'elle reçoit de lui, d'autres enfin ne verront que l'ensemble.

Il est impossible de relater les impressions multiples que la mer produit sur tous ceux qui la voient : la plume le voudrait-elle que l'intelligence s'y refuserait.

parce que la plume ne marche que par l'esprit, et que l'esprit n'est que le serviteur fidèle et dévoué du cœur. Or, tous les cœurs ne sont pas impressionnables et ceux qui ont le pouvoir de l'être ne le sont pas tous au même taux, au même degré.

Voilà pourquoi chaque œuvre présente un aspect différent, laisse une impression dernière, un souvenir qui varie avec l'état du cœur et de l'esprit de celui qui l'a faite.

II

« La mer a trouvé par milliers des poëtes
pour chanter ses caprices, ses combats, ses
tempêtes, ses symphonies si sauvages et si
tendres. »

Depuis que le monde existe, depuis que
l'humanité a commencé à faire entendre ses
premiers bégaiements, elle a essayé de décrire ses aspects changeants, de vanter ses
bords, de peindre ce qu'Émile Montégut
appelle son « caractère de sublimité. »

Car la mer « bien qu'elle soit l'infini visi-
ble possède une personnalité très marquée :
elle est vraiment presque humaine par son
caractère. Elle éprouve l'homme par l'amour
et la haine, elle est pour lui une mère et
une marâtre, une berceuse et une ennemie,
Elle l'attire et le caresse, elle le repousse et
le maudit, et malgré l'écrasante dispropor-
tion de leurs forces respectives, l'homme

ose entrer en lutte avec elle, certain qu'il peut sortir triomphant de ce combat inégal· La mer par rapport à l'homme peut être appelée un élément démocratique, car les sentiments qu'elle inspire et qu'elle *ressent* sont de la commune humanité, l'amour et la haine, la lutte et le repos; la mer est sociable jusque dans ses tempêtes. » (E. Montégut, *Revue des Deux-Mondes 1868*).

Les écrivains, même des époques les plus reculées, ont toujours mêlé la mer aux sujets qui les occupaient. Homère et Virgile en ont rempli quelques pages de leurs œuvres, mais il faut aussi ajouter que s'ils la « donnent pour fonds à leurs figures, ils en parlent plutôt avec une sorte de respect craintif » et non avec cet enthousiasme dont ont fait preuve les écrivains de nos jours, la connaissant et l'appréciant mieux.

Ce respect craintif à l'égard de la mer dont étaient touchés les écrivains de l'antiquité, se continue à travers les âges jusque dans notre littérature, et Joinville rendant compte de son départ pour la croisade en 1248 s'exprime en ces termes : « En peu de temps, le vent enfla les voiles et nous ôta la vue de la terre si bien que nous ne vîmes plus que le ciel et l'eau. Chaque jour le vent nous éloigna davantage des pays où nous étions nés. Et par ces choses je vous montre que celui-là est bien fou de hardiesse qui ose se mettre en défaut avec sa conscience, car on s'endort le soir sans savoir si l'on ne se trouvera pas au fond de la mer le matin ».

Pendant cinq siècles la mer resta ainsi cachée à tous, mise à l'écart à cause de l'appréhension qu'elle causait sur l'esprit des hommes. Ce n'est qu'au dix-huitième siècle, à la fin, encore, que quelques uns se hasardèrent, plus ou moins timidement à la décrire par ses aspects extérieurs.

Byron fut un des plus grands admirateurs de la mer sublime. De même qu'il est demeuré jusqu'à présent le plus grand poëte des montagnes par son *Manfred* il est « de tous les poëtes, celui qui aime le mieux la mer ; il lui adresse souvent de belles strophes et, dans son épopée semi-sérieuse, *Don Juan*, il a su peindre un naufrage avec une

vérité étonnante. La barque de Don Juan
vaut bien le radeau de la *Méduse* (Géri-
cault).

Plus loin c'est Bernadin de Saint-Pierre
qui vient nous présenter dans les *Etudes
de la nature* le spectacle qui se déroulait
sous ses yeux, un jour qu'il se trouvait sur
le bord de la mer : « C'était vers l'équinoxe
de septembre. Un coup de vent s'étant élevé,
comme c'est l'ordinaire dans ce temps-là,
j'en vins voir l'effet sur le bord de la mer.
Des ondées d'écume marine couvraient de
temps en temps l'extrémité de la jetée, et,
au loin, les bateaux s'apercevaient à peine
au milieu d'un horizon fort noir. »

Nous assistons avec lui à ce spectacle en
plein milieu du jour. Nous le voyons diri-
ger ses yeux sur « plusieurs grands bateaux
sortis le matin pour aller à la pêche, et
considérant leurs manœuvres, pendant
qu'une troupe de jeunes filles, couvertes
de longues coiffures, s'avancent en fôla-
trant, et que l'une d'elles rêveuse et triste
demeure à l'écart. »

Elle attend son fiancé. Il est là-bas, sur

un de ces bateaux presque invisibles à
cause de la distance à laquelle ils se trou-
vent, et alors que ses compagnes conti-
nuent leur joyeuse route, elle s'arrête à un
calvaire, y dépose quelques sous, et fait sa
prière : « Les vagues qui assourdissaient
en se brisant sur la côte, le vent qui agitait
les grosses lanternes du crucifix, le danger
sur la mer, l'inquiétude sur la terre, la
confiance dans le ciel, donnaient à l'amour
de cette pauvre paysanne une étendue et
une majesté que les palais des grands ne
sauraient donner à leurs passions. »

O sublime et touchante description,
sublime et touchant tableau !

La mer, dans ce siècle compte encore un
admirateur : André Chénier. C'est lui qui
nous présente la *Jeune Tarentine* :

Seule sur la proue invoquant les étoiles,
Le vent impétueux qui souffle dans les voiles
L'enveloppe. Etonnée et loin des matelots
Elle crie, elle tombe, elle est au sein des flots :
Elle est au sein des flots la jeune Tarentine :
Son beau corps a roulé sous la vague marine.

Malheureuse jeune fille! si pleine de jeunesse, de vie, d'amour! Mourir au port et devenir la proie des eaux au moment ou elle va embrasser son amant!

Mais, par bonheur, ce corps
Thétis, les yeux en pleurs, dans le creux d'un
[rocher
Aux monstres dévorants eut soin de le cacher.

III

Ce n'est que dans notre siècle que sont nés ceux qui ont illustré la mer en peignant ses sentiments, et *Guillaume Tell* où pour la première fois la musique a fait entendre ses murmures, ne date que de nos jours et compte à peine soixante dix années d'existence.

Il fallut qu'un seul homme, un seul poëte, un Lamartine, vint, avec deux qualités supérieures, le « sentiment de la fraicheur et l'abondance harmonieuse » parler aux hommes le langage

> Que parlent les vents dans les airs,
> La vague aux bords grondants des mers,
> Le chant lointain des matelots,
> L'horizon fuyant dans l'espace
> Et ce firmament que retrace
> Le cristal ondulant des flots ;
> Les mers d'où s'élance l'aurore.

> Le bruit qui tombe et recommence,
> Le cygne qui nage ou s'élance
> Les reflets tremblants des étoiles.
> Les soupirs du vent dans les voiles,

pour faire jaillir vingt pléiades d'admirateurs de la mer ayant, pour lire leurs écrits, un nombre considérable d'amateurs de l'esthétique.

Les plus grands noms s'appliquèrent à chanter la beauté de l'Océan, les écrivains les plus remarquables voulurent donner à celle qu'ils avaient pendant si longtemps laissé en-dehors du cadre de leurs observations, une gloire comme aucune partie de la nature n'en avait eue jusqu'alors.

La *Préface des Poëmes de la Mer* montra qu'elle n'avait trouvé son véritable poëte qu'avec Joseph Autran.

« La mer a eu dans ces derniers temps des romanciers, des chroniqueurs, écrivains d'un talent plus ou moins brillant ; elle n'a jamais possédé son chantre exclusif, son poëte. Depuis tant de siècles que la muse se promène à travers le globe, cherchant partout un thème à ses inspirations, demandant de toutes parts des phénomènes à décrire, des merveilles à raconter, des travaux, des douleurs, des héroïsmes à célébrer, la mer n'a jamais obtenu d'elle qu'un regard furtif, que de courtes et passagères admirations.

Ouvrez les poètes des anciens jours, feuilletez ceux des siècles nouveaux: à peine si les premiers donnent, par intervalles, une mention à cette mer qui leur apparaît sous les traits farouches ou riants d'un masque mythologique, et il est rare que les seconds amenés par hasard sur leur rivage, s'y arrêtent plus que quelques instants. Anciens et modernes chantent volontiers les vallons, les bois, les ruisseaux: ils s'appliquent avec toutes sortes de complaisances à peindre dans leur ensemble ou dans leurs moindres détails les mille scènes de la nature terrestre. Mais autant ils manifestent pour elle d'amour et d'admiration, autant ils témoignent pour la nature maritime d'indifférence et d'éloignement. De telle sorte que la poésie, qui,

par instinct aime l'immensité, qui, en sa
qualité d'esprit ailé, *inusu ales*, demande
le grand air et le libre espace, qui est une
constante et ardente aspiration vers l'infini,
néglige précisément, dans la création de
Dieu, le vrai domaine de l'immensité, les
seuls royaumes de l'air libre et de l'espace
sans limite, la grande et véritable image de
l'infini : la mer. »

« Né au bord de la Méditerranée il avait
tout enfant l'œil rempli de cet azur amer
plus purs encore que celui du ciel. Il aimait
les vagues venant briser en écume d'argent
leurs volutes harmonieuses, qui se succè-
dent avec régularité, comme de belles
rimes aux syllabes sonores, les voiles
fuyant à l'horizon, pareilles à des plumes
de colombe, les fanaux des pêcheurs illu-
minant les flots sombres et faisant lutter
leurs reflets rouges contre les lueurs bleues
de la lune, et l'idée lui vint que jusqu'à ce
jour, la mer n'avait pas eu de poëte spécial.

« Il voulut combler cette lacune en
publiant vers mil huit cent cinquante-deux
les *Poëmes de la Mer* où il la représente

sous tous ses aspects, lumineuse et sereine, écumante et sombre, dans le calme ou la tempête, dorée par le soleil, argentée par la lune, roulant dans ses plis dans une feuille du laurier de Virgile ou une orange de Sorrente, effleurée au vol de la mouette, sillonnée de barques aux voiles blanches, belle de sa beauté fluide et multiforme, qui se défait et se refait sans cesse, et cela, non pas d'une manière sèche et didactique, à la façon des vieux poëmes descriptifs, mais avec l'âme humaine mêlée à l'immensité et plus grande qu'elle encore. »

C'est par ces lignes magnifiques qu'un éminent critique, Théophile Gauthier, apprécie les *Poëmes de la mer* et jamais appréciation ne fut plus juste en même temps que remarquable par son élégance et sa *succinité*.

Pour se pénétrer de la vérité de ces assertions, il suffit de feuilleter les *Poëmes de la mer*. On y retrouvera à chaque page, les qualités qu'on aura remarquées dans les précédentes.

IV

La route était ouverte, il n'y avait plus qu'à y mettre le pied.

C'est ce que firent la plupart de ceux dont s'honore le siècle de Victor Hugo, Alfred de Vigny, Brizeux, Gauthier, Michelet et tant d'autres : en un mot, tous ceux à qui le romantisme avait permis de peindre les sentiments personnels que la vue et l'étendue de la mer leur avaient inspirés.

Avant eux, Chateaubriand, le plus jeune des dix enfants d'un marin breton, avait dû aussi accorder à celle qui nourrissait son père des pages nombreuses et sublimes.

La Révolution faisant beaucoup de progrès il se décida à s'embarquer dans le but de découvrir un passage au nord-ouest (passage dont la découverte ne date que de 1878). Mais il ne donna pas suite à son projet et se contenta de faire un grand voyage dans l'Amérique centrale.

C'est durant ce voyage qu'il visita les bords riants de la Louisianne et de la Virginie dont il nous a laissé de si belles relations.

« Un soir (il faisait un profond calme), nous nous trouvions dans ces belles mers qui baignent les rivages de la Virginie ; toutes les voiles étaient pliées ; j'étais occupé sous le pont, lorsque j'entendis la cloche qui appelait l'équipage à la prière ; je me hâtai d'aller mêler mes vœux à ceux de mes compagnons de voyage. Les officiers étaient sur le château de poupe avec les passagers, l'aumônier un livre à la main, se tenait un peu en avant d'eux ; les matelots étaient répandus pêle-mêle sur le tillac ; nous étions tous debout, le visage tourné vers la proue du vaisseau qui regardait l'occident.

« Le globe du soleil prêt à se plonger dans les flots apparaissait entre les cordages du navire, au milieu des espaces sans bornes.

On eut dit, par les balancements de la
poupe, que l'astre radieux, changeait à chaque instant d'horizon. »

Vous ne pouvez bien apprécier la beauté
de cette description que si vous avez vous-
même assisté à un coucher du soleil dans
le sein des flots.

Vous apercevez au loin son grand globe
rouge, lançant à travers les nuages des
rayons brillants qui les teintent de leur
couleur puis se perdent dans la mer, et, sur
la mer, d'autres tremblants, hésitants, qui
semblent ne toucher que sa surface aux
petites vagues très rapprochées, sans im-
pressionner la masse.

Peu à peu le globe suspendu dans l'espace s'enfonce plus profondément dans
l'eau. Une partie y est déjà plongée, il
n'est plus que la moitié de lui-même, à
peine maintenant reste-t-il un petit segment
dont les rayons passent au-dessus de nos
têtes et ne jettent plus leur éclat que sur
une faible étendue dorée, à l'horizon où il
se trouve.

Bientôt tout a disparu.

La mer prend un aspect sombre, noirâtre; les flots, calmes tout à l'heure, semblent se soulever, s'agiter, se heurter fortement pendant que dans les airs apparaissent quelques instants encore les dernières lueurs écarlates de la lumière qui s'éteint.

« Quelques nuages étaient jetés sans ordre dans l'orient où la lune montait avec lenteur; le reste du ciel était pur. Vers le nord, formant comme un glorieux triangle avec l'astre du jour et celui de la nuit, une trombe brillante des couleurs du prisme s'élevait de la mer comme un pilier de cristal supportant la voûte du ciel ».

« Il eut été bien à plaindre celui qui dans ce spectacle n'eut pas reconnu la beauté de Dieu. Des larmes coulaient malgré moi de mes paupières lorsque mes compagnons ôtant leurs chapeaux goudronnés vinrent entonner d'une voix rauque leur simple cantique à « Notre Dame de Bon Secours » patronne des mariniers. Qu'elle était touchante la prière de ces hommes qui, sur une planche fragile, au milieu de l'Océan, contemplaient le soleil couchant sur les flots ! Comme elle allait à l'âme cette invocation du pauvre matelot à la Mère de Douleur ! La conscience de notre petitesse à la vue de l'infini, nos chants s'étendant au loin sur les vagues, la nuit s'approchant avec ses embûches, la merveille de notre vaisseau au milieu de tant de merveilles, un équipage religieux saisi d'admiration et de crainte, un prêtre auguste en prière, Dieu penché sur l'abîme, d'une main retenant le soleil aux portes de l'Occident, de l'autre élevant la lune dans l'Orient et prêtant à travers l'immensité une oreille attentive à la voix de sa créature. Voilà ce qu'on ne saurait peindre et ce que tout le cœur de l'homme suffit à peine pour sentir. »

Cette prière à bord d'un navire est une des plus belles pages du *Génie du christianisme*. C'est une description où chaque mot frappe à l'imagination et présente aux yeux l'image qu'il veut peindre. Nous voyons la mer calme et tranquille, ridée à peine par une petite brise; nous suivons dans leur marche inverse la lune qui s'élance des flots et le soleil s'y perd, nous participons aux mouvements du navire produisant cette illusion que c'est le soleil qui monte et descend à l'horizon; nous remarquons la figure grave et sérieuse des passagers et il semble qu'emportés par l'émotion vraie qui anime Chateaubriand, nous fassions, nous aussi, notre prière, et qu'à la vue d'une grande scène de la nature, l'Être inconnu se manifeste à notre cœur.

V

Ce n'est pas là que s'arrête la série des chantres de la mer.

Alfred de Vigny est un de ses amants ainsi que des milliers de bateaux qui la sillonnent en tous sens.

C'est avec amour qu'il parle de sa frégate *La Sérieuse*.

> Qu'elle était belle ma frégate
> Lorsqu'elle voguait dans le vent
> Elle avait, au soleil levant,
> Toutes les couleurs de l'agathe ;
> Ses voiles luisaient le matin,
> Comme des ballons de satin :
> Sa quille mince longue et plate,
> Portait deux bandes d'écarlate
> Sur vingt-quatre canons cachés :
> Ses mâts, en arrière penchés,
> Paraissaient à demi couchés.
> Dix fois plus vive qu'un pirate
> En cent jours du Havre à Surate

Elle nous emporta souvent.
— Qu'elle était belle ma frégate
Lorsqu'elle voguait dans le vent.

Il aime les marins, il s'apitoie sur leur sort et dans sa magnifique pièce, la *Bouteille à la mer*, il a su peindre avec grandeur, la résignation des matelots et du capitaine d'un navire, au moment où celui-ci s'enfonce dans les flots et disparaît à jamais, ne laissant pour seule trace de son existence que la bouteille sacrée.

Que de magnifiques pages la mer a encore inspirées à d'autres de ses admirateurs. Ce sont les pages si nourries de la *Corinne* de Madame de Staël, nous représentant Venise dont les rues sont des canaux sur lesquels on aperçoit, le soir, les barques des gondoliers, « des ombres qui glissent sur les eaux guidés par une petite étoile. »

C'est la *baleine* de Michelet: frappé de la douceur de ces énormes êtres il se complaît à nous les peindre sous les traits les plus sensibles; c'est le *Pélican* d'Alfred de Musset, qui

En vain a, des mers fouillé la profondeur

et dont le sauvage cri d'adieu poussé au milieu de la nuit fait

Que le voyageur attardé sur la plage
Sentant passer la mort, se recommande à Dieu.

Ce sont les admirables vers de Victor Hugo, peignant Jersey, sa terre d'exil, et enfin, pour borner là nos citations, le *chant des pêcheurs*, dans lequel Lamennais a fait passer l'émotion vraie dont son âme était remplie.

Désireux, avant tout, qu'on ne nous accuse pas d'avoir voulu donner à quelques auteurs encore existants, une part de gloire ou de renommée, nous ne citerons pas les nombreuses et délicieuses pages qui auraient pu trouver leur place dans ce volume. Cependant, nous ne pouvons fermer cette nomenclature, sans accorder une mention aux *Gens de mer*, et au nom de Pierre Loti qui a mérité le surnom *d'Enfant de la mer* comme Victor Hugo celui *d'Enfant du Génie*.

FIN
de la Mer et ses Admirateurs

TROISIÈME PARTIE

PETITES

PAGES SENTIMENTALES

PAGES SENTIMENTALES

LE RUISSEAU

Au pied de la colline, une petite excava-
tion. De là, sort un mince filet d'une onde
claire, limpide, incolore.

Il coule doucement, doucement, dans un
petit lit large au plus de quelques centi-
mètres.

Il s'est creusé lui-même ce petit lit. Sur
les bords, au fond, partout, un beau gravier
blanc, fin, pur, argenté, miroitant au soleil.

Et le petit filet d'onde pure coule sur le
fin gravier. Sur ses bords, les petits oiseaux

viennent se mirer, sifflent, volent, chantent
et remplissent l'air de leurs accents mélodieux !

Il rencontre un peu plus loin un autre
filet d'eau qui se joint à lui.

Le filet d'onde pure grossit, coule un
peu moins doucement : son lit étroit s'élar-
git ; mais il perd sa limpidité, il roule des
herbes, des cailloux grossiers, noirs, il
perd sa beauté.

Et le petit filet d'onde roule sur un lit de
cailloux noirs et grossiers. Les petits
oiseaux, les pinsons, les rouges-gorges,
les fauvettes, ne viennent plus s'y mirer
et ne remplissent plus l'air de leurs accents
mélodieux.

Une source, deux sources se joignent à
lui. Tout-à-coup le ruisseau doit traverser
la route. L'eau de la dernière pluie descend de chaque côté et le gonfle de sa masse
noire. Il coule sur un lit de boue, il n'est
plus calme, son cours est rapide, agité,
bouillonnant, sinueux.

Et le ruisseau roule sa masse impure
sur son lit de boue. Sous les touffes d'herbe

qui avoisinent ses bords, la petite poule d'eau solitaire ose seule demeurer.

Là-bas, à quelques cents mètres, c'est une cascade. Le petit ruisseau arrive en murmurant. Il se prépare à tenter l'assaut.

Il s'élance par-dessus la digue.

Au pied de la cascade, le torrent roule, sur un lit de granit, entre des rives.escarpées, ses eaux écumantes. Il déracine tout sur son passage et remplit l'espace de son vacarme.

Et le torrent coule sur un lit de granit, entre des rives escarpées. Les aigles y ont bâti leurs demeures, et les grands oiseaux de proie empêchent les petits oiseaux des bois de venir remplir l'air de leurs doux chants mélodieux...

Enfin, après une course effrénée, le torrent fatigué, épuisé, et un peu radouci, mêle ses eaux à celles de la mer, et tout disparaît dans l'immensité !

C'est l'histoire de notre vie.

LA GOUTTE D'EAU

Le soleil va se coucher.

Les gros nuages blancs répandus à l'horizon luisent comme d'immenses blocs d'argent ; la chaleur est étouffante ; l'air embrasé que l'on respire brûle les poumons et produit un malaise général dans tout le corps.

Une petite masse noire fait tache sur le tableau éblouissant de blancheur.

Elle avance lentement, grossit, avance plus vite, grossit, grossit...

La voilà au-dessus de nous ; elle semble ralentir sa course, puis se fond, se résout en petites goutelettes fines, brillantes, qui couvrent la terre et humectent la poussière.

Peu à peu elles tombent plus serrées, plus volumineuses ; elle coulent sur la terre humide en suivant les dépressions du sol.

Examinons la marche de ces petites goutelettes qui, tout à l'heure encore, à l'état de vapeur, voltigeaient librement dans les airs.

Celles-ci suivent le ruisseau, roulent cailloux, brins de paille, débris de toutes sortes : elles tomberont bientôt dans quelque égout boueux qui portera leur masse noire et fangeuse de rue en rue, d'égout en égout, jusqu'à la mer où le peu de substances organiques qu'elles contiennent servira à la nourriture des squales voraces et féroces.

Elles ne réussiront qu'à salir les eaux de la mer grande et belle et à enlever à ses petits flots leur miroitant aspect et leur petite couleur bleuâtre.

Celles-là vont d'un chemin plus tranquille ; elles cherchent leur route, suivent toutes les sinuosités du terrain jusqu'à ce qu'enfin une couche perméable leur offre le moyen d'imprégner le sol et de s'y enfoncer.

Cachées à notre vue, c'est alors que leur action est la plus énergique et la plus admirable par ses effets.

Ici, elles font germer la graine que le
laboureur a péniblement semée dans les
sillons. Bientôt, la terre sera couverte
comme d'un manteau d'herbe. Cette herbe
grandira, prendra de la consistance, et
sous le soleil de juin et de juillet, les
blonds épis jauniront et couvriront la cam-
pagnes de leurs têtes dorées.

Là, elles baignent le pied de l'arbre dessé-
ché, effeuillé, solitaire, abandonné. Elles
lui rendent la vie. Ses racines plongeront
plus profondément, lui rendront toute sa
vigueur; la sève montera, montera, se
répandra dans ses plus débiles rameaux.

Ceux-ci, plus robustes, retrouveront leur
feuillage et l'arbre sera la demeure des
petits oiseaux qui lancent dans les airs
leurs petits cris et charment les promeneurs
par leur mélodieux accents.

Plus loin, les petites gouttelettes mouillent les parterres soigneusement préparés
pour recevoir les fleurs. Celles-ci pousse-
ront tranquilles, aisées : la rose ouvrira sa
corolle blanche, la pensée se colorera de
ses couleurs veloutées, les marguerites, les

bluets, les violettes, le lys embaumeront l'air de leurs parfums.

Et toutes, jalouses l'une de l'autre, s'efforceront d'attirer à elles les regards des amants qui viennent à l'ombre des berceaux goûter un peu du bonheur que procurent le calme et la solitude.

L'ESPOIR

A mon ami Camille Desmoulins.

Je ne suis pas supersticieux. Je n'ai jamais beaucoup cru à tous les contes de grand'maman, sur les couteaux en croix, les chaises tournantes et les salières renversées.

Cependant, il s'est trouvé des cas, pas très rares même, où j'ai été frappé de la coïncidence qui existait entre la superstition et l'arrivée du fait qu'elle prédisait.

Ecoutez-moi bien et vous jugerez.

C'était en Touraine.

Dans une petite ville peu éloignée de X...., vivait avec ses parents un petit enfant alors âgé de douze ans.

Quel beau petit garçon ! Quelle figure enfantine ! Des cheveux blonds dorés, des lèvres roses qui demandaient le baiser, des yeux bleus, mais des yeux ! oh ! jamais je ne pourrais vous exprimer l'impression que leur regard fit sur moi la première fois que je le vis.

C'était à fendre le cœur le plus dur quand ce regard clair et pur se posait sur vous : il vous remuait jusqu'au fond de l'âme.

Le petit enfant fut envoyé en pension. Il apprit comme un ange. Il revint au bout de quatre ans. Il était sorti le premier de sa classe après avoir passé brillamment ses examens.

C'est au milieu de ses parents, — de bons parents — qu'il atteint dix-sept ans...

Un changement subit s'opéra en lui.

On était en juin.

De bonne heure, au matin, vers deux heures après-midi, on le voyait partir au bout de son jardin, dans un joli petit berceau le long duquel étaient éparpillées, sur le tapis, des violettes, des pensées, des roses..... Une douce fraîcheur l'engageait à la solitude. et. de chaque côté du berceau.

la vue portant sur un petit bois avec de grands arbres, tout faisait du jardin un lieu de rêverie.

Il était rêveur !

Un feu ardent le dévorait. Il avait besoin de solitude ; il y allait chercher l'inspiration.

A la vue de la nature en fête et des parquets de fleurs qui attiraient ses regards, bercé par les suaves harmonies des oiseaux cachés dans le feuillage, au-dessus de sa tête, frappés par une fraîcheur délicieuse qui adoucissait sa fièvre, il sentait son âme lui échapper, s'envoler dans les airs et parcourir, égarée, les espaces infinis.....

Cependant l'enfant devenu jeune homme changeait à vue d'œil.

Ses joues roses perdaient leur couleur, ses lèvres autrefois si belles s'étiolaient et son tein angélique était d'une pâleur approchant celle de la mort ; ses beaux grands yeux cernés de noir s'enfonçaient dans leur orbite et leur regard mélancolique prenait chaque jour un aspect plus terne.

Sa vocation de poète se révélait dans

toute sa puissance : son âme était plus forte
que son corps.

Il écrivit des poésies harmonieuses et
douces où se réflétaient toutes les agitations
de son être, tous ces transports de joie et
de tristesse, toute la sublime bonté de son
cœur.

. . . .

Après les avoir lues et relues cinquante
fois, il les réunit en un seul tout, et les
envoya — non sans hésitation — à un écrivain renommé de Paris.

Il voulait savoir ce qu'on penserait de
lui.

Du jugement de cet homme dépendait le
bonheur de ses jours.

Le pauvre enfant avait la mine défaite
d'un valétudinaire ; faible, il pouvait à
peine maintenant se soutenir sur ses jambes. Il continuait néanmoins ses visites au
berceau.

Quelques jours s'étaient écoulés dans
l'attente d'une réponse.

Or, un soir, au moment de rentrer au
logis paternel, il aperçut derrière lui, dans

le branchage du berceau, une araignée tissant sa toile.

Un éclair traversa son esprit : ses yeux perdirent un peu de leur ternissure, il redevint gaillard, la vie semblait renaître en lui et se river de nouveau à son corps.

— Espoir ! soupira-t-il.

Mais, hélas ! les hommes de lettres sont tous de même. Une fois parvenus au haut de l'échelle, ils oublient leurs peines du début, leurs déceptions, les noirs moments où ils songeaient au suicide et ils ne font rien pour soulager ceux qui sont comme ils ont été.

Quelques jours encore passèrent.

Arachmé continuait de tisser la même toile à la même place et entretenait l'espérance dans le cœur de l'enfant.

Mais un soir, se rendant au berceau, il demeura, en y arrivant, comme frappé de stupeur et atteint d'un coup mortel.

L'insecte n'y était plus.

L'espoir était perdu.

L'enfant, chez qui la vie ne semblait

plus tenir que par un mince fil, chancela et s'affaissa sur son banc.

. . . .

Au crépuscule, les parents ne voyant pas revenir leur fils, furent pris d'une soudaine inquiétude, et, pour la première fois, ils résolurent de troubler sa calme solitude.

Ils ne trouvèrent plus qu'un cadavre.

L'enfant, les bras pendants entre ses genoux, la tête adossée au banc, semblait dormir de son plus tranquille sommeil. Son visage conservait l'expression d'une sérénité douce, et à travers son pâle voile d'ange-martyr, on y lisait la trace laissée par son âme en s'envolant au ciel.

Imprimerie Nouvelle, Avranches. — Directeur E. Huby.

TABLE

La Mer et ses Admirateurs

— FIN —

BIBLIOTHÈQUE

de la

SOCIÉTÉ PARNASSIENNE FRANÇAISE

3, Rue Cadet, 3. — Paris

Expédition franco contre mandat-poste

RAYMOND DE BUIS. — *Le Dragon* (roman). 1 vol. 3 fr. — *Clairette* (roman). 1 vol. 3 fr. — *Feuilles d'hiver* (poésies). 1 vol. 3 fr.

PAUL ROUGET. — *Rêves d'autrefois* (poésie). 0.50.

CH. ROUCH. — *Mon Amour, c'est toi* (romance), 0.40. — *La Muse Villageoise* (poésies et nouvelles. 1 vol. 2 fr.

PIERRE DUFOURG. — *Le Déserteur* (nouvelle). 0.75

G. DE LACAZE-DUTHIERS. — *Mes premières fleurs* (poésies). 0.75.

ALBERT DESMEAUX. — *Desrousseaux, sa vie et ses œuvres.* 1 vol. 2.50.

HENRY SALOMON. — *Pour l'Alsace* (poésie) 0.75.

ETIENNE DE BESANCENET. — *L'Epouse Vierge.* 1 vol. 2.50. — *A Cœur Ouvert* (poésies). 1 fr.

Mlle LOUISE BORDE. — *Voyages et aventures d'un groupe d'Etudiants.* 1.50.

A. DE LACOSTE. — *Aubusson.* 1 fr.

Imprimererie Nouvelle. Avranches. — Dir. E. HUBY.